Clarissa v. Reinhardt

Leinenaggression

MIT AUSFÜHRLICHEM
KAPITEL ÜBER LEINENFÜHRIGKEIT

animal Learn®
VERLAG

3. Auflage, 2014

ISBN 978-3-936188-45-5

Lektorat: Elke Franz
Fotos: Burkhard Pretzer, Gabi Henrich, Tina Geier, Dagmar Spörl, fotolia
Titelfoto und weitere: www.Hund-im-Licht.de
Illustrationen: Jürgen Zimmermann, Stuttgart
Satz & Layout: Tina Geier, Feldafing
Druck: FINIDR, s.r.o., Cesky Tesín, Tschechische Republik

animal learn Verlag
Am Anger 36, 83233 Bernau
Email: animal.learn@t-online.de
www.animal-learn.de

INHALTSVERZEICHNIS

Für Apollo, Bonnie, Aslan,
Sunny, Hombre, Moses, Luna,
Yaman, Mona, Anton, Paula

und die vielen anderen.

VORWORT

Ein Hund, der sich beim Anblick eines Artgenossen wütend bellend in die Leine wirft, kaum zu halten ist und sich aufführt „wie ein Verrückter", macht seinem Halter auf dem gemeinsamen Spaziergang wenig Freude. Abgesehen von der eigenen Anstrengung, den gerade zum Springteufel mutierten Hund halten zu müssen, muss man sich mit den mitleidigen Blicken oder dem entrüsteten Kopfschütteln der lieben Mitmenschen auseinandersetzen, die in der Regel auch gleich einen guten Rat zum Besten geben, was mit dem Untier zu tun sei. Meist wird hierbei die Empfehlung ausgesprochen, doch mal eine Hundeschule mit dem ungezogenen Vierbeiner zu besuchen, worauf häufig die Antwort des entnervten Hundehalters kommt: „Das tue ich bereits!", denn tatsächlich ist die Leinenaggression inzwischen eines der häufigsten Probleme, die es in einer Hundeschule zu bearbeiten gilt.

Abgesehen von diesem unerfreulichen Szenario für den Halter gilt es aber auch, die Situation des Hundes zu bedenken, denn dieser zeigt solch heftige Reaktionen nicht aus „Jux und Tollerei", sondern fühlt sich offensichtlich – aus seiner Sicht der Dinge – genötigt, heftigste Abwehrmaßnahmen zu treffen. Warum ist das so?

Diese und viele weitere Fragen rund um das Thema Leinenaggression möchte ich Ihnen in dem folgenden Buch beantworten. Dabei ist es mir wichtig, nicht nur Hintergrundwissen und Trainingstechniken zu vermitteln, sondern auch Verständnis für die Lage des Hundes zu wecken. Jedes Lebewesen, das sich wie oben beschrieben benimmt, hat dafür einen Grund – auch wenn der für uns nicht immer gleich erkennbar ist. Ein Training zur Überwindung der Leinenaggression ist also nicht nur eine Hilfestellung für den Halter, sondern auch für den Hund selbst. In diesem Sinne wünsche ich Ihnen viel Spaß beim Lesen und hoffe, Ihnen den ein oder anderen wertvollen Hinweis geben zu können, wie das Problem der Leinenaggression zu lösen ist.

Was genau ist eine Leinenaggression?

Von einer Leinenaggression spricht man dann, wenn sich der Hund an der Leine aggressiv verhält, während er im Freilauf recht gut verträglich ist, und in der Regel ist damit die Aggression gegenüber Artgenossen gemeint. Von Hundehaltern hört man häufig Beschreibungen wie „So lange er frei ist, ist es mit anderen Hunden in Ordnung, aber wehe, ich habe ihn an der Leine, dann führt er sich auf wie ein Verrückter und ich kann ihn kaum halten."

Mit einer Leinenaggression kann aber auch gemeint sein, dass der Hund dieses abwehrende Verhalten gegenüber Menschen zeigt, wenn er angeleint ist, während er unangeleint einfach seiner Wege geht und keine Gefahr von ihm ausgeht. Gegenüber Artgenossen verhält er sich an der Leine neutral bis freundlich, das Problem beschränkt sich also ausschließlich auf „Zweibeiner". Diese Form der Leinenaggression ist jedoch deutlich seltener anzutreffen.

Von einer Leinenaggression spricht man dann, wenn sich der Hund an der Leine aggressiv, im Freilauf aber unauffällig verhält.

Selbstverständlich können sich die oben genannten beiden Formen auch überschneiden – wir reden dann von einem Hund, der sich sowohl anderen Hunden als auch Menschen gegenüber aggressiv verhält, wenn er angeleint ist, aber neutral bis friedlich bleibt, wenn er sich frei bewegen kann.

WICHTIG

Verhält sich der Hund auch dann übermäßig aggressiv, wenn er nicht angeleint ist, spricht man nicht von einer Leinenaggression. In diesem Fall handelt es sich um einen Hund, der – aus welchem Grund auch immer – generell Probleme in der Begegnung mit Artgenossen und/ oder Menschen hat. Oftmals verstärken sich diese Probleme allerdings, wenn er durch die Leine in seinem Aktionsradius eingeschränkt ist.

Zusammengefasst kann man also sagen: Um eine Leinenaggression handelt es sich immer dann, wenn die angelegte Leine der Auslöser dafür ist, dass sich der Hund abwehrend/ aggressiv verhält.

WIE ENTSTEHT EINE LEINENAGGRESSION?

Fehlverknüpfung

Es gibt mehrere Ursachen, die zu einer Leinenaggression führen können. Die wohl häufigste ist die so genannte „Fehlverknüpfung". Zu ihr kommt es immer dann, wenn der Hund zum Beispiel beim Anblick eines Artgenossen etwas für ihn Negatives erlebt.

Hierzu einige Beispiele:
Der Hund wird bei der Erziehung zum Kommando „bei Fuß" über den Leinenruck trainiert. Während er lieber mit den anderen Hunden spielen möchte, erhält er mehrfach eine **schmerzhafte Einwirkung** über den Ruck, verbunden mit einem scharfen „Fuß jetzt!" des Halters und verknüpft dadurch schließlich, dass der Anblick von Artgenossen mit Schmerzen und unangenehmen Reaktionen von Herrchen/ Frauchen verbunden ist, wenn man sich an der Leine befindet.

Angst einflößende und/ oder schmerzhafte Einwirkungen können zu Fehlverknüpfungen führen, die eine Leinenaggression auslösen.

Leider wird ein solches Training nicht nur von unwissenden Laien durchgeführt, sondern auch von angeblich professionell arbeitenden Hundeschulen angeboten.

Ein Beispiel hierfür ist der Rüde Ben,

der mir vor einiger Zeit vorgestellt wurde. Ben ist ein schwarzer Labrador-Mischling, dabei aber deutlich größer als ein Labrador. Er wurde von seinen Haltern, einem jungen Ehepaar, im Alter von zehn Wochen angeschafft und es gab nie Probleme mit ihm. Ben war eine Seele von Hund, verstand sich einfach mit allem und jedem, inklusive aller Artgenossen. Da Ben immer größer wurde und sich die Nachbarn in der Siedlung Sorgen darüber machten, ob die Halter einen so großen Hund denn auch unter Kontrolle hätten, besuchten diese um des lieben Friedens willen eine Hundeschule. Sie hofften, dass die Nachbarn beruhigter seien, wenn die Hundeschule sozusagen offiziell bestätigt, dass Ben ein zwar großer, aber durch und durch freundlicher Hund ist. Bis zu diesem Zeitpunkt hatten sie keinerlei Probleme mit Ben, der auch schon recht gut gehorchte. Wie gesagt, die Hundeschule wurde einzig und allein deshalb besucht, weil man „guten Willen" gegenüber den Nachbarn zeigen wollte, so Bens Halter.

Schon beim ersten Besuch auf dem Trainingsplatz wurde ihnen eröffnet, dass Ben nur mit einem auf Zug gestellten Kettenwürger am Unterricht teilnehmen dürfe, weil man einen so großen Hund sonst nicht unter Kontrolle habe und man so außerdem eine „bessere Einwirkung" auf den Hund hätte. Bens Halter verstanden zwar nicht wirklich, was damit gemeint war, vertrauten aber auf die Fachkompetenz des Trainers und willigten ein, Ben eine solche Halsung umzulegen, was sofort geschah, da diese Halsbänder zum Kauf vorrätig waren.

Ben wollte mit den vielen anderen Hunden auf dem Platz spielen, aber damit war nach Angaben des Trainers jetzt Schluss. Die Hunde seien nicht zum Spielen in der Hundeschule, sondern um Gehorsam zu lernen. Wann immer Ben zu den anderen Hunden zog, zog sich der Kettenwürger um seinen Hals zu, bis der große Hund nur noch röchelnd in der Leine hing. Dies sei ein eindeutiges Zeichen von Dominanz, erklärte der Trainer den erstaunten Haltern, Ben wolle sie zwingen, dorthin zu gehen, wohin er will und das ginge natürlich nicht. Man müsse Ben mit deutlichen Leinenrucks zeigen, dass er „bei Fuß" an der linken Seite seines Menschen zu laufen habe.

Anfangs ließ sich Ben diese Leinenrucks gefallen, röchelte und hustete und wollte weiterhin einfach nur zu den anderen Hunden, um zu spielen. Nach drei Unterrichtsstunden innerhalb von zehn Tagen veränderte sich sein Verhalten jedoch deutlich. Seine Halter bemerkten, dass Ben anderen Hunden gegenüber nicht mehr so freundlich war, wenn er an der Leine geführt wurde. Der Trainer interpretierte dieses Verhalten wiederum als Dominanz und sagte den Haltern grinsend, „dass sie sich noch umschauen würden, was sie sich mit diesem Tier eingehandelt hätten. Der Hund sei ein Chaot, dem man endlich mal Manieren beibringen müsse" – was nur durch noch heftigere Leinenrucks zu bewerkstelligen sei. Nach vier weiteren Trainings, also insgesamt sieben Treffen, sah das Ergebnis folgendermaßen aus:

Traf Ben andere Hunde im Freilauf, war er so freundlich und aufgeschlossen wie immer. War er aber angeleint, führte er sich auf wie ein Verrückter, sprang wild in die Leine, drohte und fletschte sein Gegenüber wütend an und machte einen wahrhaft Angst einflößenden Eindruck.

Zusätzlich war er misstrauisch gegenüber allen Männern geworden, die vom Typ her ähnlich aussahen wie sein Trainer, und er wollte sich im Kopfbereich nicht mehr anfassen lassen, nicht einmal von Herrchen oder Frauchen. Versuchte man das, wich er aus, verkroch sich regelrecht. Seine Halter merkten nun, dass sich ihr noch vor kurzem ausgeglichener, freundlicher Hund, der es liebte, hinter den Ohren gekrault zu werden und der dazu oft vertrauensvoll den Kopf auf den Schoß seiner Menschen legte, verändert hatte. Ben sei nicht mehr der Alte, sie würden ihren Hund kaum wiedererkennen, sagten sie mir im Beratungsgespräch.

Sie können sich sicher vorstellen, wie verzweifelt Bens Halter waren, als ich ihnen erklären musste, dass sich Bens Verhalten nicht trotz, sondern wegen des besuchten Trainings verändert hatte, denn sein Trainingsprogramm hatte im Wesentlichen daraus bestanden, beim Anblick von anderen Hunden geschimpft zu werden und Schmerzen zugefügt zu bekommen. Kein Wunder, dass er dadurch aggressiv wurde. Eine von mir empfohlene tierärztliche Untersuchung ergab darüber hinaus massive Quetschungen im Muskelbereich rund um die Halswirbelsäule sowie eine Kehlkopfreizung. Wir haben einige Wochen gebraucht, ehe Ben auch wieder an der Leine verträglich und freundlich war.

Negative Einwirkungen geschehen schneller, als man denkt; oft löst man sie ganz unbewusst aus, weil man in dem Augenblick, in dem sie geschehen, gar nicht realisiert, was da gerade passiert. Der Hund zieht zum Beispiel an der Leine, um zu einem anderen Hund zu kommen und man zieht ihn mit einem heftigen Ruck zurück, damit er nicht auf die Straße rennt. Ein anderes Mal springt er vor Freude in die Leine und man ruckt genervt zurück, weil er einen beinahe umgeworfen hätte. Dann will er einen Welpen freundlich begrüßen und wird schnell weggezogen, weil man glaubt, der kleine Hund sei mit diesem großen Tier bestimmt überfordert.

Innerhalb kürzester Zeit hat der Hund nun drei Mal die Erfahrung gemacht, dass ihm Unangenehmes/ Schmerzhaftes widerfährt, wenn er an der Leine Artgenossen trifft – ohne, dass man das beabsichtigt hat. Deshalb ist es so wichtig, den Hund achtsam zu führen.

Eine ruhige und souveräne Führung lässt auch den Hund gelassen reagieren.

Diese Halterin reagiert auf den kritischen Blick der Herdenschutzhündin in Richtung der Spaziergängerin mit einer absplittenden Handbewegung und einem leise gesprochenen „Es ist o.k., wir gehen weiter."– worauf sich die Hündin sofort entspannt. Die Leine bleibt zu jedem Zeitpunkt locker und übt keinen Druck aus.

Frustration

Leinenaggression kann jedoch nicht nur durch an der Leine zugefügte Schmerzen entstehen, sondern auch durch Frustration. Besonders häufig ist dies der Fall, wenn ein Hund krankheitsbedingt lange an der Leine geführt werden muss und nicht mit anderen Hunden spielen darf.

Kürzlich kam eine junge Frau zu mir, die verzweifelt war, weil ihr sehr großer Hund, eine Mischung aus Großem Schweizer Sennenhund und Berner Sennenhund, zunehmend unfreundlich auf andere Hunde reagierte. Früher war er überall für seine uneingeschränkte Verträglichkeit bekannt gewesen, jetzt brummte er gewaltig und machte sich steif, wenn er andere Hunde nur von weitem sah. Die Ursache konnte schnell geklärt werden: Sammy hatte nach einer Hüftoperation vom Tierarzt für mindestens zehn Wochen Leinenzwang und absolutes Spielverbot erteilt bekommen. Medizinisch gesehen verständlich, für das Sozialverhalten eines jungen Hundes, Sammy war zu diesem Zeitpunkt 15 Monate alt, eine Katastrophe, denn sein Frauchen nahm die Anweisung sehr ernst und zog Sammy unter großer körperlicher Anstrengung weg, wann immer ein Hund gesichtet wurde. Nicht einmal schnüffeln durfte er. Irgendwann baute sich ein solcher Frust in Sammy auf, dass er unwirsch auf Artgenossen reagierte.

Zusätzlich versuchte er übrigens, Radfahrern und Joggern nachzulaufen und sie „zu fangen“, was er früher nie getan hatte – ein Ergebnis seines aufgestauten Laufbedürfnisses. Da Sammys Frauchen frühzeitig auf das veränderte Verhalten ihres Hundes reagierte und gleich zur Beratung kam, konnte er mit einem Trainingsprogramm von nur vier Einzeltreffen wieder in sein ursprünglich freundliches Verhalten zurückgebracht werden.

Es ging in seinem Fall in erster Linie darum, ihm wieder Sozialkontakte zu ermöglichen und ihm die Möglichkeit zu geben, seinem Bewegungsbedürfnis nachzukommen. Heute spielt er wieder ausgelassen und fröhlich mit anderen Hunden, sei es in der Hundeschule oder in seinem Auslaufgebiet.

Stimmungsübertragung

Die Stimmungsübertragung durch den Halter spielt ebenfalls eine große Rolle bei der Frage, wie Leinenaggression entsteht. Wird der Hund beim Anblick anderer Hunde mit Druck auf der Leine kurz genommen, mit gepresster Stimme ermahnt, artig zu sein (oder mit ängstlicher Stimme daran erinnert, dass „alles in Ordnung sei"), während Herrchen/ Frauchen einen Schweißausbruch in Erwartung der nun stattfindenden Begegnung bekommt, wird dem Hund durch all diese Verhaltenselemente signalisiert, dass die Situation eben nicht in Ordnung ist.

Hunde sind unglaublich gute Beobachter, sind grandios im Wahrnehmen von Stimmungen und so überträgt sich die Nervosität/ Ängstlichkeit des Halters schnell und lässt den Hund reagieren. Während manche Hunde ebenfalls nervös und ängstlich werden, gehen die anderen in Verteidigungsbereitschaft über – weil sie glauben, ihren Menschen schützen zu müssen, wenn der so viel Angst hat.

Negative Erlebnisse

Schließlich bleibt als Ursache für Leinenaggression noch zu nennen, dass der Hund **ein besonders negatives Erlebnis an der Leine** hatte und seitdem Angst hat, dass ihm dieses Ereignis erneut widerfahren könnte, wenn er angeleint ist. Hier geht es zum Beispiel um Hunde, die von einem Artgenossen überfallen und evtl. sogar gebissen wurden, während sie an der Leine und somit daran gehindert waren, einfach wegzulaufen oder sich zumindest vernünftig zu wehren.

Die Rottweilerhündin Peggy war ein solcher Fall. Schon als Welpe erlebte sie ein Trauma, als sie im Alter von nur neun Wochen von einer Schäferhündin so stark attackiert wurde, dass sie tierärztlich versorgt werden musste. Ihr Frauchen war in der Situation so überfordert und geschockt, dass sie Peggy handlungsunfähig an der Leine festhielt und schrie, bis der Halter der Schäferhündin schließlich angerannt kam und seinen Hund einsammelte. Nur fünf Wochen später passierte Ähnliches noch einmal: Während Peggy angeleint war, wurde sie von einer Mischlingshündin überfallen und in die seitliche Halspartie gebissen, diesmal musste sie sogar genäht werden. Innerhalb kürzester Zeit hatte sie also gelernt, dass es gefährlich war, angeleint Artgenossen zu treffen, denn man konnte nicht einmal weglaufen – und von ihrem Menschen war auch keine Hilfe zu erwarten.

So war es nicht schwer zu verstehen, dass Peggy beschlossen hatte, sich andere Hunde durch besonders aggressives Verhalten im wahrsten Sinne des Wortes „vom Leib" zu halten, wenn sie an der Leine war. Unangeleint machte sie sich in der ersten Begegnung mit anderen Hunden zwar steif, entspannte sich aber sofort, wenn diese freundlich waren und ging dann ins Spielverhalten über. Ihr bekannte Hunde stellten für sie gar kein Problem dar.

Es gibt also verschiedene Gründe, die einen Hund an der Leine aggressiv werden lassen und oftmals überlappen sie auch. Peggy zum Beispiel hatte an der Leine schlechte Erfahrungen gemacht, gleichzeitig war ihr Frauchen aber auch sehr nervös, wenn es zu Begegnungen mit anderen Hunden kam, hielt die Leine dann extrem kurz auf Zug und redete in banger Erwartung auf ihren Hund ein.

Ist eine Leinenaggression erst einmal entstanden, führen **Ängste des Halters** oft zu weiteren Problemen. Nicht nur die schon angesprochene verkrampfte Körperhaltung und die gepresste Stimme, das Kurzhalten der Leine sowie das hektische Wegziehen von anderen Hunden spielen hier eine Rolle.

Die direkte Begegnung, die Enge und der Druck auf der Leine sind für den Hund nicht zu ertragen und lassen ihn abwehrend reagieren.

Das zweite Foto entstand nur wenige Minuten später. Mit splittenden Personen, entspannter Atmosphäre und locker gehaltener Leine können sich beide Hunde neutral begegnen.

Oftmals ist es auch so, dass der Halter gar nicht bemerkt, dass sein Hund nur an der Leine aggressiv ist, sondern glaubt, er sei generell unverträglich und deshalb Begegnungen mit anderen Hunden insgesamt vermeidet, was dann tatsächlich zu weiteren Aggressionen führen kann.

Der Frust des Halters über die missglückte Erziehung, das Gefühl der Überforderung mit dem tobenden Hund an der Leine, die Peinlichkeit, mit dem Untier von Nachbarn gesichtet zu werden, die Angst, alles falsch gemacht zu haben, das Unverständnis, warum der Hund sich so entwickelt hat – das alles führt häufig zu heftigen Reaktionen gegenüber dem Hund (Rucken, Anschreien, Strafen), die das Problem verschärfen und/ oder dazu, dass nur noch selten spazieren gegangen wird, um der unangenehmen Situation aus dem Weg zu gehen.

Im Fall der einjährigen Ridgeback-Hündin Nala

war es so weit gegangen, dass diese die ganze Woche über ausschließlich in den ca. 300 m^2 kleinen Garten rauskam und nur noch am Wochenende spazieren ging, wenn Herrchen zu Hause war. Ihr Frauchen hatte schlichtweg Angst, das Grundstück mit ihr zu verlassen. Unschwer zu verstehen, dass Nala sich, wenn sie nun endlich draußen war, wie eine Verrückte gebärdete. Sie zog an der Leine, flippte beim Anblick von Artgenossen regelrecht aus, versuchte alles zu jagen, was sich bewegte: Der Hund stand unter Strom. Auch in ihrem Fall bestand das Training zu einem wesentlichen Teil darin, dem Hund erst mal Bewegung zu verschaffen.

WICHTIG

Um alle Ursachen für das Entstehen der Leinenaggression herauszubekommen, ist in jedem Fall eine detaillierte Analyse in einem ausführlichen Vorgespräch nötig, denn nur unter Berücksichtigung aller Punkte, die das Problem beeinflussen, kann ein effektives Trainingsprogramm erarbeitet werden.

In einem ausführlichen Vorgespräch werden die Ursachen für die entstandenen Probleme geklärt.

DIE AUSRÜSTUNG

Für ein erfolgreiches Training brauchen Sie eine vernünftige Ausrüstung. Oftmals entstehen Probleme nämlich auch dadurch, dass eine falsche Halsung oder eine zu kurze Leine verwendet werden, im schlimmsten Fall kann es sogar zu gesundheitlichen Schäden bei Ihrem Hund kommen.

☺ Empfehlenswert

ist es, den Hund über ein gut sitzendes Brustgeschirr zu führen. Es verlegt den Druckpunkt weg von der empfindlichen Halswirbelsäule auf den Brustkorb, der Druck und Stoß viel besser abfangen kann. Dadurch werden auch der Kehlkopf, die Luftröhre, die Schilddrüse und die Muskulatur im Halsbereich geschont.

Eine Kollegin von mir sagte einmal sehr einleuchtend: „Wir wickeln uns den Sicherheitsgurt im Auto ja auch nicht um den Hals.“ Selbst wenn ein Hund im Allgemeinen leinenführig ist und auch wir uns bemühen, nicht unnötig an der Leine herumzuzerren, kann es immer zu Situationen kommen, in denen man ihn aus einer Gefahrensituation herausziehen muss – und das ist am Geschirr wesentlich angenehmer für ihn als am Halsband.

Ein gut sitzendes Geschirr verlegt den Druckpunkt auf den Brustkorb und schont so die Gesundheit des Hundes.

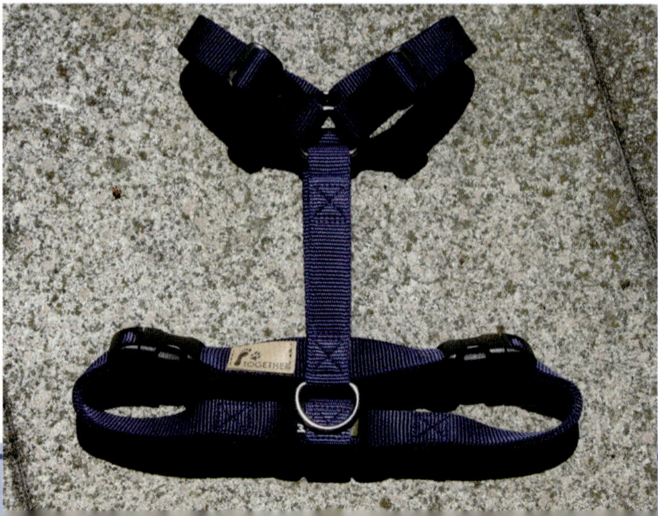

Der Rückensteg gewährleistet ein sicheres und einfaches Zugreifen in brenzligen Situationen.

Zusätzlich gibt Ihnen der am Rücken befindliche Steg die Möglichkeit, schnell und sicher zuzugreifen, ohne den Hund im Halsbereich zu würgen oder sich selbst im engen Halsband die Finger einzuklemmen. Bei der Auswahl und dem Anpassen sollten Sie auf die folgenden Punkte achten, um einen guten Sitz und hohen Tragekomfort zu gewährleisten:

- Das Material, aus dem das Geschirr gefertigt ist, sollte weich und anschmiegsam sein. Am besten auch waschbar, falls sich Ihr Hund einmal damit in übel Riechendem wälzt.

- Das Geschirr sollte an beiden Seiten zu öffnen sein, damit es dem Hund bequem angelegt werden kann. Geschirre, in die man den Hund regelrecht hineinzwängen muss oder bei denen man die Pfoten anheben und hindurchziehen muss, sind nicht empfehlenswert, da die meisten Hunde dies als unangenehm empfinden.

- Der am Rücken des Hundes befindliche Steg sollte fest vernäht sein, damit er nicht hin und her rutscht. Außerdem sollte er nicht zu kurz sein, da sich das gesamte Geschirr sonst beim Tragen nach vorne unter die Achselhöhlen zieht und dort unangenehm scheuert.

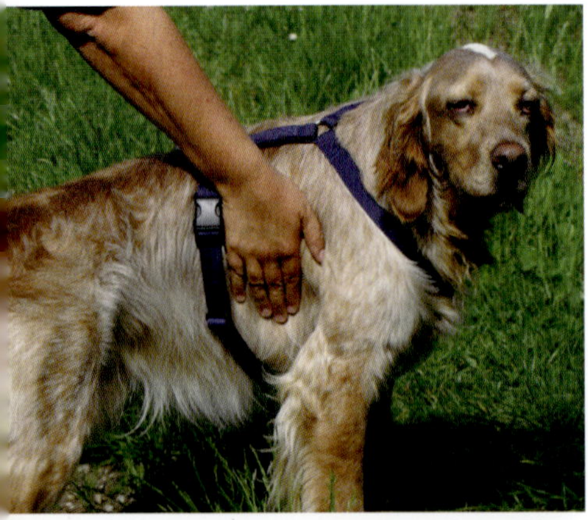

- Zwischen den Bändern, die seitlich um den Körper des Hundes laufen und der Achselhöhle sollte bei mittelgroßen bis großen Hunden eine Hand breit Platz sein, bei kleinen (Dackel) oder sehr kleinen (Chihuahua) Hunden reicht die Breite von zwei bis drei Fingern aus.
- Die Bänder, aus denen das Geschirr gefertigt ist, dürfen nicht zu schmal sein, da sie sonst einschneiden.

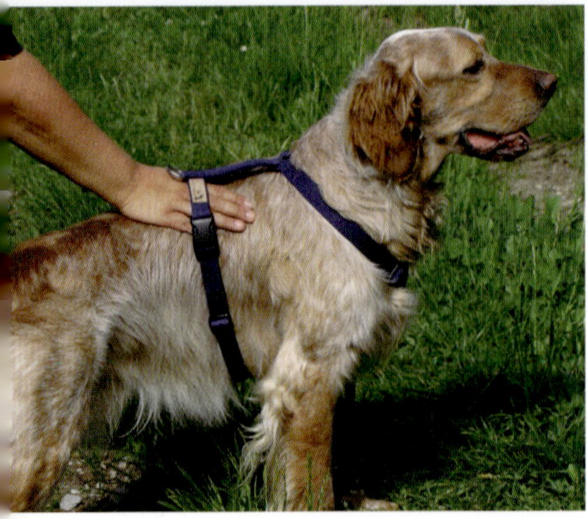

- Die Verschlüsse sollten abgerundet sein, so dass sie sich der Körperform anpassen.
- Wenn Sie das Geschirr angelegt und verschlossen haben, achten Sie darauf, dass es nicht zu eng sitzt, weil es sonst auf die Wirbelsäule drückt. Es soll aber auch nicht herumschlabbern. Wenn Sie mit der Hand zwischen das Geschirr und den Körper Ihres Hundes gleiten können, sitzt es richtig.
- Sie sollten darauf achten, das Geschirr so einzustellen, dass der Brustring nicht auf den Brustbeinknochen drückt.
- Über Nacht oder bei längeren Aufenthalten zu Hause sollten Sie das Geschirr abnehmen, damit der Hund beim seitlichen Liegen nicht auf den Verschlüssen liegen muss.

Bei der Auswahl der Leine

sollten Sie darauf achten, dass diese lang genug ist, denn eine zu kurze Leine lässt Ihrem Hund keinen ausreichenden Bewegungsspielraum und kann eine mangelnde Leinenführigkeit hervorrufen. Empfehlenswert sind Leinen mit einer Länge von drei Metern, denn sie ermöglichen es dem Hund, auch einmal links und rechts am Wegesrand zu schnüffeln, ohne gleich in den Zug zu kommen. Sollten Ihnen Spaziergänger und/ oder andere Hunde entgegenkommen, können Sie die Leine etwas verkürzen, um den Hund näher bei sich zu führen.

Für die Übungen brauchen Sie zusätzlich eine zehn Meter lange Schleppleine und im Idealfall auch noch eine fünf Meter lange. Sie können natürlich auch die zehn Meter lange Leine verkürzt halten, der Nachteil hierbei ist allerdings, dass Sie dann sehr viel Leinenmaterial in der Hand halten, weshalb ich zum gegebenen Zeitpunkt im Training lieber die kürzere Leine einsetze.

Eine ausreichend lange Leine ermöglicht dem Hund das entspannte Schnüffeln und Erkunden am Wegesrand. Bei entgegenkommenden Personen, wie hier dem Radfahrer, wird sie einfach etwas verkürzt.

Eine fünf Meter lange Leine gibt dem Hund viel Bewegungsfreiheit und kann so im Training ideal eingesetzt werden.

Beim Material der Leinen sollten Sie darauf achten, dass es robust, aber weich ist und keine Verletzungen an Ihren Händen oder den Beinen des Hundes verursachen kann, wenn er sich einmal versehentlich darin verwickelt oder Sie schnell in die Leine greifen müssen, um sie kürzer zu halten. Bei Nylonleinen besteht eine relativ hohe Verletzungsgefahr, wenn sie rundgewebt sind. Die als Band verarbeiteten Nylonleinen saugen sich leider bei Nässe schnell voll und werden dann unangenehm schwer. Ich verwende deshalb am liebsten Leinen aus Leder. Sie sind in der Anschaffung etwas teurer, halten dafür aber auch um ein Vielfaches länger und sind angenehmer beim Arbeiten.

SIE BRAUCHEN:

- **ein gut sitzendes Brustgeschirr**
- **eine 3 Meter lange Leine**
- **eine 5 Meter lange Leine**
- **eine 10 Meter lange Leine**

Hochwertige Geschirre und Leinen erhalten Sie unter **www.together-zubehoer.de** oder im gut sortierten Fachgeschäft.

Dann möchte ich Ihnen auch noch einige Ausrüstungsgegenstände vorstellen, von deren Gebrauch ich Ihnen dringend abraten möchte, damit Sie argumentativ gewappnet sind, sollten sie Ihnen im Fachhandel oder durch Freunde oder Verwandte empfohlen werden.

Nicht empfehlenswert

sind generell alle Ausrüstungsgegenstände, die dem Hund Schmerzen zufügen und/ oder ihn einschüchtern und mental stark unter Druck setzen. Hierzu gehören unter anderem

☹ Der Leg Leader.

Schon anhand der Abbildung können Sie sich leicht vorstellen, dass es für den Hund alles andere als angenehm ist, derartig eng an den Halter geschnallt jede seiner Bewegungen mitmachen zu müssen. Es bleibt keine Zeit zum Schnüffeln oder Erkunden, der Hund muss sich mit Minimalstabstand zum Halter versäubern, was für ihn extrem unangenehm ist. Die meisten Hunde möchten beim Urinieren oder Koten gern etwas Distanz zu anderen einhalten, viele laufen dafür sogar einige Meter weit in die Wiese. Das alles ist mit einem Leg Leader nicht möglich. Wenn ich ein Hund wäre, würde ich nicht gerne so spazieren gehen müssen! Jeder Spaziergang wird zur Tortur.

Das Entstehen einer Leinenaggression wird stark begünstigt, da der Hund in der Begegnung mit Artgenossen weder beschwichtigend ausweichen noch vernünftig Kontakt aufnehmen kann. Bei eventuellen Übergriffen durch andere Hunde kann er sich weder wehren noch flüchten, würde stattdessen sogar in unmittelbarer Nähe seines Halter angegriffen! Eine Katastrophe für die Bindung zwischen Hund und Halter, da der Hund lernt, dass er sich so dicht bei Herrchen oder Frauchen weder wohl noch sicher fühlen kann.

☹ Das Easy Walk.

Dieses Geschirr ist keinesfalls zu empfehlen, denn es fügt dem Hund durch die dünnen Schnüre, die unter seinen Achseln entlang laufen, Schmerzen zu. Empfundene Schmerzen beim Anblick von Artgenossen begünstigen unter anderem eine Leinenaggression, weshalb Sie diesen Ausrüstungsgegenstand keinesfalls verwenden sollten.

☹ Das Halti.

Auch das Halti kann ich Ihnen nicht empfehlen. Wie würde es Ihnen gefallen, mit einem Kopfhalfter herumzulaufen, durch das ein anderer mittels Einwirkung bestimmt, in welche Richtung Sie nicht nur zu laufen, sondern sogar zu gucken haben?! Eine echte Leinenführigkeit wird hierdurch nicht erreicht und bei falschem Sitz und/ oder grober Anwendung kann es außerdem zu erheblichen Verletzungen im Bereich der empfindlichen Halswirbelsäule kommen. Zusätzlich fühlt sich der Hund durch die Fremdbestimmung im Kopfbereich vollkommen ausgeliefert und dadurch unwohl und verunsichert, was Aggressionen begünstigt.

☹ Halsbänder oder Geschirre mit eingearbeiteter Leine

sollten Sie ebenfalls nicht verwenden, denn sie bringen gleich mehrere Probleme mit sich. Zunächst einmal wird ein relativ starker Druck ausgeübt, wenn Sie das Gummiband, an dem die eingearbeitete Leine im Halsband oder Geschirr vernäht ist, herausziehen, was sehr unangenehm für den Hund ist. Zusätzlich würden Sie Ihrem Hund große Schmerzen zufügen, wenn Ihnen dieses gespannte Gummiband einmal aus der Hand flutscht und dann einem Expander gleich in den Nacken des Hundes knallt.

Auch der von oben kommende Griff in den Nackenbereich des Hundes kann – besonders in angespannten Situationen – von ihm als Übergriff empfunden werden, der zu Abwehrreaktionen führt. Im schlimmsten Fall fährt der Hund herum und wendet sich gegen Sie, weil er sich instinktiv gegen einen von oben kommenden Angriff in seinen Nacken (wie beim Kampf unter Artgenossen!) wehrt.

Das Sprühhalsband.

Spätestens seit uns die Hundenannys allwöchentlich im deutschen Fernsehen vorführen, wie jeder Hund, ganz gleich welches Problem er seinen Haltern vermeintlich oder tatsächlich bereitet, mit Einsatz einer Fernbedienung in das Verhalten gepresst werden kann, das Herrchen oder Frauchen beliebt, finden die Halsbänder, die einen angeblich völlig harmlosen Spraystoß von sich geben, steigenden Absatz. Deshalb möchte ich hier etwas weiter ausholen und Ihnen detailliert erklären, weshalb Sie es **keinesfalls** einsetzen sollten.

Am häufigsten werden Sprühhalsbänder bei unerwünschtem Jagdverhalten und zur Unterbrechung von unerwünschten Verhaltensweisen wie Anspringen von Personen oder Leinenaggression gegenüber Artgenossen und sogar bei Trennungsangst empfohlen. Doch schon der gesunde Menschenverstand lässt einen aufhorchen, wenn Hersteller und Anwender behaupten, dass der jederzeit auszulösende Sprühstoß für den Hund „gar nicht schlimm" sei. Da fragt man sich doch

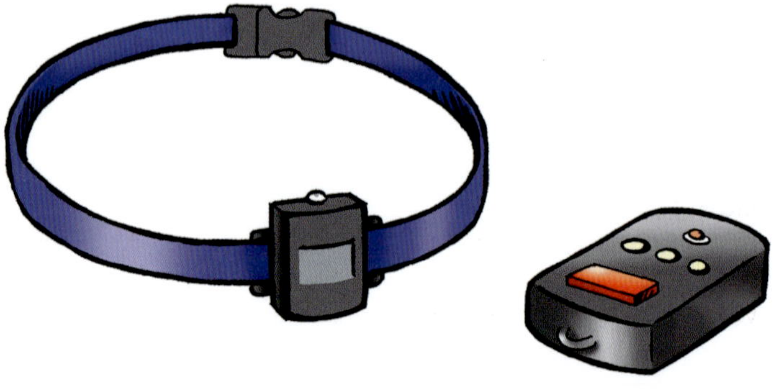

selbst nach nur kurzem Nachdenken, wie es denn möglich sein soll, instinktive, genetisch fixierte Verhaltensweisen wie zum Beispiel das Jagdverhalten durch etwas zu unterdrücken, das dem Hund gar nichts ausmacht?! Dem Hundehalter wird generös angeboten, das Gerät doch selbst mal in die Hand zu nehmen oder um den Hals zu legen, während der Trainer den Auslöser betätigt... und tatsächlich, so schlimm war das doch gar nicht. Ein kurzes „Zischhhh" mit etwas feuchtkalter Luft. „Ja", bestätigt der überzeugte Hundehalter, „das war gar nicht schlimm."

Was Hersteller und Trainer jedoch geflissentlich verschweigen (aus Unwissenheit oder in betrügerischer Absicht?!), ist die Tatsache, dass plötzlich auftretende, nicht eindeutig zuzuordnende Zischlaute beim Hund als Angst auslösende, sogar lebensbedrohliche Laute abgespeichert sind, bei denen sofort die Flucht ergriffen werden muss. Sie kennen sicher den Anblick eines Hundes, der sich selbst im Körbchen zig mal um die eigene Achse dreht, bevor er sich schließlich gemütlich niederlegt. Es handelt sich bei dieser Verhaltensweise um ein Erbe aus den Zeiten, in denen der Hund noch weitgehend draußen in der Natur lebte. Bevor er sich hinlegte, drehte er sich mehrfach im Gras oder Laub, um die ausgesuchte Liegestelle als ungefährlich abzusichern. Sollte beim Drehen ein Zischlaut (zum Beispiel von einer Schlange) zu hören sein, würde er sich durch einen Sprung zur Seite in Sicherheit bringen. Biologisch sinnvoll... und diesen genetisch fixierten, Angst auslösenden Zischlaut bringen wir Menschen nun in den unmittelbaren Kopfbereich des Hundes! Und drücken vielleicht gleich mehrfach das Auslöseknöpfchen, worauf der Hund ganz leicht – selbst auf große Distanz – nicht nur in Angst, sondern sogar in Panik versetzt werden kann – ohne die Möglichkeit, sich durch Flucht zu retten! Diese Angst verstärkt sich natürlich, wenn er angeleint ist und deshalb kaum Bewegungsspielraum hat.

Eigentlich ist dieser Umstand allein schon Grund genug, niemals zu erlauben, dass einem uns anvertrauten Lebewesen ein solches Gerät angetan (im wahrsten Sinne des Wortes!) wird. Es gibt jedoch noch weitere Gründe.

Der Hund weiß nie, **wann** und vor allem **warum** der Sprühstoß ausgelöst wird, befindet sich also in ständiger Erwartungsunsicherheit. Wer wissen möchte, wie sich das anfühlt, dem empfehle ich folgendes Eigenexperiment, das nicht in Anwesenheit eines Hundes durchgeführt werden sollte, damit dieser nicht unnötig verunsichert wird: Bitten Sie ein Familienmitglied oder einen Freund, Sie wirklich stark zu erschrecken, zum Beispiel durch einen lauten Schrei oder dadurch, dass er plötzlich die Stereoanlage zu voller Lautstärke aufdreht oder zwei Topfdeckel aufeinander schlägt, wenn Sie gerade überhaupt nicht damit rechnen, sich zum Beispiel entspannt im Sessel zurücklehnen oder gerade mit Freunden Karten spielen.

Der Hund befindet sich in ständiger Erwartungsunsicherheit, weil er nie weiß, ***wann*** *und* ***warum*** *der Strafreiz ausgelöst wird.*

Das Experiment sollte mindestens mehrere Stunden, am besten aber ein oder zwei Tage dauern und der Schreckreiz sollte in dieser Zeit mehrfach ausgelöst werden – ohne dass Sie wissen, wann dies sein wird. Sie werden merken, dass der eigentliche Reiz, wenn er dann endlich auftritt, bei weitem nicht so schlimm zu ertragen ist, wie die zermürbende Warterei auf ihn.

Obwohl man ihn fürchtet, wünscht man ihn schon beinahe herbei in der Hoffnung, dann wieder eine Weile Ruhe zu haben, was aber nicht so ist, da er kurz nach dem Auftreten ein zweites oder drittes Mal ausgelöst wird und dann wieder stundenlang gar nicht, ganz wie es Ihrem Helfer beliebt. Keine angenehme Vorstellung, nicht wahr?!

VORSICHT: Erhält der Hund den Angst einflößenden Sprühstoß beim Anblick einer entgegenkommenden Person, kann eine Fehlverknüpfung entstehen, deren Folge Abwehrverhalten ist.

Gleich mehrere Probleme

ergeben sich darüber hinaus aus der Tatsache, dass Hunde, wie schon erwähnt, über gedankliche Verknüpfung lernen. Trägt der Hund das Halsband und erhält den Sprühstoß, wenn er zum Beispiel auf mehrfachen Zuruf nicht kommt, so möchte der Mensch ihm damit zeigen, dass er mit einem Schreckreiz dafür bestraft wird, dass er ungehorsam ist. Es kann aber gut sein, dass er in genau diesem Moment zu einem kleinen Kind, einem Jogger oder einem anderen Hund schaut – und den Strafreiz damit verbindet. Das Ergebnis ist dann ein Hund, der noch immer nicht besser auf Abruf reagiert, dafür aber Ängste, evtl. sogar durch die Angst ausgelöste Aggressionen gegen das entwickelt, was er gerade sieht. Der Hundehalter ist dann ratlos, weil sein Hund „plötzlich" kleine Kinder meidet oder Jogger anknurrt, mit denen er doch bisher bestens auskam.

Viele solcher Beispiele finden sich in meiner Hundeschule ein, erst kürzlich ein Rhodesian Ridgeback-Rüde, dessen Sprühhalsband immer ausgelöst wurde, wenn er zum Wildern durchbrennen wollte. Bei diesen Spaziergängen war allerdings auch immer seine Gefährtin, der Zweithund der Familie, anwesend. Die Halter kamen nun nicht wegen des unerwünschten Jagdverhaltens zu mir in die Hundeschule, mit dem sie sich inzwischen abgefunden hatten, sondern weil der Rüde seit Wochen die Nähe der Hündin mied. Immer wenn diese den Raum betrat oder sich, so wie früher, zu ihm kuscheln wollte, verließ er mit ängstlichem Gesichtsausdruck das Zimmer und das konnte man sich nicht erklären... Was hatte man diesen beiden Hunden angetan! Welche Gefühle wurden in den Tieren ausgelöst?! Der Rüde hatte nun Angst vor seiner Gefährtin, die er früher heiß und innig liebte, während diese nicht verstehen konnte, weshalb er, der vorher immer leidenschaftlich mit ihr spielte und tobte, sie jetzt mied. Die gleiche Trainerin, die den Einsatz des Sprühhalsbandes empfohlen hatte, empfahl jetzt übrigens, einen der Hunde abzugeben, weil die Tiere sich unterschiedlich entwickelt hätten und einfach nicht mehr gut zueinander passen würden.

Die Ängste des Rüden erklärte sie über die angeblich dominante Ausstrahlung der Hündin. Man könnte weinen, wenn einem Hunde mit einem solchen Schicksal gegenüberstehen – oder es packt einen einfach nur die Wut.

Im Fall der Leinenaggression

würde der Sprühstoß immer dann ausgelöst, wenn der Hund sich beim Anblick eines Artgenossen aggressiv verhält. Wie schon erwähnt, ist der häufigste Grund für dieses aggressive Verhalten Angst und eben diese würde durch den Zischlaut noch verstärkt. Wie soll mit solchen Erziehungsmethoden ein ruhiger, ausgeglichener Hund erreicht werden? Und vergessen Sie nicht – das alles passiert, während der Hund an der Leine ist, in unmittelbarer Nähe von Ihnen. Sie wissen also nicht, ob Ihr Hund **Ihre Anwesenheit** mit dem Angst auslösenden Reiz verbindet – sich in Zukunft also auch noch vor Ihnen fürchtet! Oder ob er sich nur dann vor Ihnen fürchtet, wenn Sie mit ihm rausgehen wollen oder nur dann, wenn ein anderer Hund auftaucht oder... welche Lernverknüpfung auch immer er hergestellt hat.

Ein weiteres Problem ergibt sich aus der Tatsache, dass sich nichts bei Hunden so schnell generalisiert wie die Geräuschangst. Zahlreiche Hunde entwickeln nach Einsatz des Sprühhalsbandes Ängste vor allen möglichen Geräuschen. Das Öffnen einer kohlensäurehaltigen Getränkeflasche, das Zischen von heißem Fett in der Pfanne, Knall- und Schussgeräusche, die dem Hund vorher egal waren, versetzen ihn nun in Angst und Schrecken. Der oben erwähnte Ridgeback-Rüde zum Beispiel verzog sich mit eingezogener Rute unter den Tisch des Besprechungsraums, als ich eine Wasserflasche öffnete.

Beim Test mit einer kohlensäurehaltigen Getränkeflasche sehen Sie sofort, ob der Hund bereits verängstigt auf Zischlaute reagiert oder nicht.

Dies tat ich nicht, weil ich Durst hatte – traurigerweise gehört es inzwischen schon fast zum Standardprogramm, beim ersten Kennenlernen und Analysieren eines mir vorgestellten Hundes auszutesten, ob er schon mit Sprühhalsband trainiert wurde und welche Wunden dies an seiner Seele hinterlassen hat. Die Halterin war auch sehr erstaunt, als ich ihr nach dem „Flaschentest“ auf den Kopf zusagte, dass an ihrem Hund sicher schon mit Sprühhalsband gearbeitet worden war.

Das hatte sie mir nämlich eigentlich gar nicht erzählen wollen, weil sie schon gehört hatte, dass ich gegen den Einsatz dieser Geräte bin. Nachdem ich sie auf die Reaktion ihres Hundes hingewiesen hatte, war sie sehr betroffen. Und wütend, nachdem ich ihr erklärte, **weshalb** ihr Rüde jetzt Angst vor der Hündin und vor allen möglichen Geräuschen hatte. Wütend auf die Trainerin, die sie auf diese „unerwünschten Nebenwirkungen" nicht aufmerksam gemacht, sondern immer erklärt hatte, wie harmlos der Einsatz des Gerätes sei. Für mich stellt sich die Frage, ob Kollegen, die es einsetzen, um diese Nebenwirkungen nicht wissen oder ob sie diese bewusst verschweigen, weil kaum jemand bereit wäre, den Einsatz zu erlauben, wenn sie bekannt wären. Und ich stelle mir die Frage, was von beidem eigentlich schlimmer ist…

Last but not least

gibt es Probleme mit der Technik. Es soll schon vorgekommen sein, dass das Gerät durch andere Funkfrequenzen oder sogar die Fernbedienung eines in der Nähe befindlichen Halsbandes an einem anderen Hund ausgelöst wurde. Der Strafreiz wird dann also einem Hund verabreicht, der einfach nur herumsteht oder gerade spielt oder sonst etwas tut. Das steigert die Erwartungsunsicherheit natürlich noch mehr und erhöht die Trefferquote auf Fehlverknüpfungen immens.

RISIKO: Sprühhalsbänder können auch durch andere Geräte mit Funkfrequenzen ausgelöst werden.

Zusätzlich löst das Gerät nicht immer zuverlässig aus, kann zum Beispiel durch Wetterlagen mit feuchter Luft (Nebel, Regen) verzögert oder gar nicht reagieren.

VORSICHT: Bei bestimmten Wetterlagen kann die Technik versagen.

Schließlich zeigt es auch nicht an, wann die Batterie leer ist, wodurch es passieren kann, dass der Auslöser gedrückt wird und nichts geschieht. Dann käme man durch das Ausbleiben des Strafreizes (wenn der Hund denn überhaupt verstanden hätte, wofür er eigentlich bestraft werden soll) in den Bereich der variablen Bestätigung, was das unerwünschte Verhalten sogar noch verstärkt. Der Hund würde nämlich lernen, dass er das Verhalten nur immer wieder zeigen muss, bis er schließlich wieder zum Erfolg (in diesem Fall das Ausbleiben des Strafreizes und die erfolgreiche Durchführung des Verhaltens) kommt.

Man kann es also drehen und wenden, wie man will: Sprühhalsbänder sind ganz und gar nicht harmlos, im Gegenteil sogar sehr gefährlich. Manche Hunde werden durch sie so verunsichert, dass sie in die so genannte **erlernte Hilflosigkeit** fallen, was zur Folge hat, dass sie kaum noch Aktionen zeigen oder Handlungen anbieten, weil sie in ständiger Angst vor dem für sie unkalkulierbaren Strafreiz leben. Um diesen Tieren – und ihren verzweifelten Haltern – zu helfen, braucht es ein meist lang angelegtes, gut durchdachtes Training, das den Hund aus dieser erlernten Hilflosigkeit und seinen vielfältigen Ängsten, die oft auch in Angstaggression münden, wieder herausholt.

Selbstverständlich gibt es noch weitere Ausrüstungsgegenstände, die den gleichen oder ähnlichen Prinzipien entsprechen. Wahrscheinlich könnte – was traurig genug ist – ein ganzes Buch darüber geschrieben werden, welchen Unfug es im Bereich des Hundezubehörs zu kaufen gibt. Prüfen und erkundigen Sie sich deshalb immer sehr genau, wenn Ihnen Neuheiten auf dem Markt angeboten werden, ob diese wirklich geeignet sind, Ihren Hund zwar konsequent, dabei aber immer freundlich und fair zu erziehen und zu führen. Fragen Sie sich dabei immer: Wenn ich mein Hund wäre, wollte ich so behandelt, geführt und versorgt werden? Wenn die Antwort „nein“ oder auch nur „Ich weiß nicht so genau...“ lautet, lassen Sie es. Nur wenn Sie ganz sicher sind, dass es Ihrem Hund mit einer angepriesenen Ausbildungsmethode oder einem empfohlenen Zubehör gut geht, sollten Sie Ihre Zustimmung zur Anwendung geben.

Lassen Sie sich in einem Fachgeschäft eingehend beraten.

Sie können sich sicher vorstellen, dass ein Training zur Überwindung der Leinenaggression zum Scheitern verurteilt ist, solange Ihr Hund nicht leinenführig ist und mit stark nach vorn gebeugtem Oberkörper zerrt, während Sie versuchen, erstens diesem Druck standzuhalten und zweitens nicht auf Grund der Schmerzen im Schulterbereich die Geduld zu verlieren und ihn zu schimpfen und/ oder zurückzuziehen. Das ganze Szenario widerspricht genau dem, was wir für das Training brauchen, nämlich eine entspannte Arbeitsatmosphäre, in der Sie Ruhe und Gelassenheit ausstrahlen.

Deshalb geht es im nun folgenden Kapitel um die Leinenführigkeit.

Mit ziehendem Hund an der Leine macht der Spaziergang keinen Spaß. Ist der Hund hingegen leinenführig, können Zwei- und Vierbeiner den gemeinsamen Ausflug so richtig genießen.

Zunächst einmal gilt es zu definieren, was unter einer guten Leinenführigkeit zu verstehen ist, denn tatsächlich übertreiben es manche Halter auch damit, was sie von ihrem Hund erwarten.

Von einer mangelnden Leinenführigkeit spricht man dann, wenn der Hund wirklich dauerhaft und stark zieht – und dieser Zustand sollte tatsächlich verändert werden. Die viel beschriebene dauerhaft „locker durchhängende" Leine hingegen gehört nicht zu meinen Trainingszielen, denn für mich ist kein vernünftiger Grund erkennbar, weshalb ein Hund die ihm zur Verfügung stehende Leinenlänge nicht bis zum Ende nutzen sollte. Er soll lediglich nicht (dauerhaft) ziehen.

Selbst ein kurzes Anspannen der Leine, weil der Hund neugierig an den Wegesrand läuft, um einem Geruch nachzugehen, würde ich nicht als generelles Ziehen und somit als Problem bezeichnen. Häufig ist es sogar so, dass sich die Hunde selbst korrigieren, wenn sie das Ende der Leine erreicht haben und diese deshalb auf Spannung gekommen ist. Insbesondere, wenn man mit unterschiedlichen Leinenlängen arbeitet, muss der Hund ja irgendwie ausprobieren dürfen, wie viel Raum ihm jetzt zur Verfügung steht – und das tut er dadurch, dass er ein oder zwei Mal bis an das Ende geht und dann weiß, wo die Grenze ist.

Vielleicht wundert Sie die folgende Feststellung, aber es ist tatsächlich so, dass eine gute Leinenführigkeit nicht beim Hund, sondern beim Halter beginnt. Denn wenn Sie Ihrem Hund vermitteln wollen, dass das Körpergefühl des Ziehens nicht erwünscht ist, dann dürfen Sie selbst auch nicht ziehen. Der erste Trainingsschritt besteht also darin, dass Sie lernen, sehr achtsam mit der Leine umzugehen. Es ist schnell passiert, dass der Hund irgendwo schnüffelt, uns das zu lange dauert und wir ihn einfach weiterziehen.

Häufig zu beobachten ist auch, dass bei Richtungswechseln und beim Weiterlaufen nach längerem Stehenbleiben für ein Gespräch mit dem Nachbarn der Hund einfach weitergezogen wird, statt ihn anzusprechen und mit einem freundlichen „weiter" zum Mitgehen aufzufordern. Wie soll der Hund nun also verstehen, dass das Ziehen an der Leine als unerwünschtes Körpergefühl definiert ist, wenn wir selbst ziehen?!

Der Hund wird über eine freundlich auffordernde Stimme und eindeutige Körpersprache geführt. So kann er sich darauf einstellen, was von ihm erwartet wird.

WICHTIG

Prägen Sie sich deshalb folgenden Satz ein:

DIE LEINE DES HUNDES IST NICHT ZUM FÜHREN DA!

Geführt wird der Hund über Körpersprache und Stimme, nicht dadurch, dass er über die Leine einfach mitgezogen wird. Stellen Sie sich vor, Sie würden mit einem guten Freund durch die Stadt bummeln und immer, wenn er zu einem bestimmten Geschäft oder Restaurant will, zieht er Sie einfach kommentarlos am Ärmel dorthin. Eine unangenehme Vorstellung, nicht wahr?! Deshalb sollten auch wir achtsam mit unserem Hund umgehen, wenn er angeleint ist. Üben Sie dazu, ihm über ein freundliches „weiter“ und eine entsprechende Richtungsanzeige mit der Hand mitzuteilen, wann Sie wohin gehen wollen. Benutzen Sie keinesfalls einen Leinenruck, der ihm Schmerzen zufügt und führen Sie ihn nicht an einer so genannten Flexileine, denn diese steht dem Ziel der Leinenführigkeit vollkommen entgegen. Das Prinzip einer solchen abrollbaren Leine besteht nämlich darin, dass der Hund vorne Druck ausüben muss, damit sich die Leine hinter ihm abrollt. Er lernt also, dass es gut ist, Druck zu machen, weil er dann mehr Bewegungsfreiheit erhält. Oder, um es noch deutlicher zu sagen: Es wird ihm geradezu beigebracht, zu ziehen!

Benutzen Sie für Spaziergänge in Gegenden, in denen er angeleint sein muss, die schon zuvor empfohlene drei Meter lange Leine, damit Ihr Hund sich auch wirklich frei bewegen und auch mal am Wegesrand schnüffeln kann, ohne gleich in den Zug zu kommen. Die meisten im Fachhandel angebotenen Leinen sind viel zu kurz, der Hund kann also gar nicht anders, als zu ziehen.

Die Anweisung „weiter“ wird durch die Richtungsanzeige mit der Hand unterstützt.

Ist die Leine zu kurz, müsste der Hund ständig „bei Fuß" laufen, um nicht in den Zug zu kommen.

Nehmen Sie einen kleinen Hund wie zum Beispiel einen Dackel, bei dem Sie den Großteil der Leine schon dafür brauchen, vom Rücken des Hundes bis zu Ihrer Hand zu kommen. Dem Hund bleibt also nur noch eine geringe Länge, um sich zu bewegen. Bei einem großen Hund hingegen brauchen Sie einen wesentlichen Teil der Leinenlänge, um über den Rücken zu kommen, weshalb auch ihm nicht viele Möglichkeiten bleiben, nicht zu ziehen. Er müsste praktisch permanent an Ihrer Seite laufen, um keinen Zug auf die Leine zu bringen und das würde bedeuten, dass er kaum die Möglichkeit hätte, einmal nach Herzenslust zu schnüffeln oder andere Dinge zu tun, die einen Spaziergang zu einem schönen Erlebnis für ihn machen. Geben Sie Ihrem Hund so oft wie möglich die Gelegenheit zum Freilauf, insbesondere, wenn Sie gleich mit ihm an der Leinenführigkeit arbeiten wollen. Lassen Sie ihn gerade zu Beginn des Spaziergangs erst einmal toben und sausen, bevor Sie Konzentration und Selbstbeherrschung von ihm erwarten. Ist der „erste Dampf" erst mal raus, machen Sie es für sich und ihn leichter! ☺

Lassen Sie den Hund zum Beginn des Trainings erst einmal ein paar Minuten frei laufen, denn wenn der erste „Dampf" raus ist, konzentriert er sich anschließend umso besser.

Suchen Sie sich dann ein Grundstück, auf dem Sie ungestört üben können und wo keine Ablenkungen vorhanden sind. Dies kann auch der eigene Garten sein, falls er groß genug ist, um darin einige Strecken zu laufen. Ansonsten wählen Sie eine Waldwiese, ein Feld oder den außerhalb der Öffnungszeiten leeren Parkplatz des nächsten Supermarktes. Hauptsache, Sie und Ihr Hund bleiben ungestört.

Das seitliche Anleinen verhindert das frontale Drüberbeugen des Menschen, das vom Hund oft als unangenehm empfunden wird.

Wenn Sie dann starten, beginnen Sie mit kleinen Übungseinheiten, nicht länger als vielleicht 30 bis max. 60 Sekunden. Nehmen Sie Ihren Hund seitlich von ihm stehend an die Leine, so dass Sie sich nicht frontal über ihn beugen und ihn dadurch bedrängen. Dann sagen Sie ihm freundlich „weiter", zeigen mit der Hand in die angestrebte Richtung und gehen los. Immer wenn Sie die Richtung wechseln, geben Sie ihm dies mit Hör- und Sichtzeichen an und loben ihn freundlich, wenn er sich nach Ihnen richtet. Anfangs können Sie ihm die Übung erleichtern, indem Sie leise und freundlich mit ihm sprechen, wenn er ohne Zug an der Leine neben Ihnen läuft. Vermeiden Sie längere Strecken, während derer Sie geradeaus laufen, denn dies verleitet den Hund am ehesten dazu, schneller zu werden und zu ziehen. Laufen Sie lieber eine Acht, einen Kreis oder ein Viereck und achten Sie darauf, dass auch Sie selbst nicht ziehen.

Wenn Sie zu Beginn des Trainings Figuren mit Biegungen und Kurven laufen, ist die Übung für Ihren Hund einfacher zu bewältigen.

Wird Ihr Hund schneller, warten Sie nicht, bis er schließlich in den Zug kommt, sondern unterstützen Sie ihn im Training, indem Sie ihn mit einer erneuten Richtungsänderung ansprechen. Die häufig beschriebene Methode, ihn immer und immer wieder den Fehler machen zu lassen, in die Leine zu rennen, um dann stehen zu bleiben, bis er von selbst den Zug lockert, um dann schließlich weiter zu gehen, bis er wieder zerrend in der Leine hängt, ist wenig vielversprechend. Es ist eine sowohl für Sie als auch für den Hund sehr frustrierende Methode, die nur selten zum gewünschten Erfolg führt. Viel besser ist es, dem Hund aktiv zu zeigen, welches Verhalten von ihm gewünscht und dann auch durch freundliches Ansprechen und anschließenden Freilauf belohnt wird.

Die Richtungsanzeige mit der Hand vereinfacht dem Hund das Erfassen des Kommandos, denn er kann sich an der Körpersprache seines Menschen orientieren.

Schon nach der kurzen, oben beschriebenen Zeit leinen Sie wieder ab. Hierbei sollten Sie darauf achten, dass Ihr Hund nicht augenblicklich losschießt, sobald er merkt, dass sich der Haken vom Geschirr gelöst hat. Geben Sie ihm zur Unterstützung das Kommando „bleib“ oder „warte“ mit dem entsprechenden Handzeichen und lösen Sie ihn aus dem Kommando, nachdem Sie abgeleint haben.

Dann lassen Sie ihn erst mal wieder laufen, ohne weitere Kommandos an ihn zu richten. Nach etwa zwei bis vier Minuten wiederholen Sie die Übung wieder für wenige Sekunden, dann lassen Sie den Hund wieder für mehrere Minuten laufen und nach einem dritten Durchgang von vielleicht schon 60 Sekunden machen Sie eine lange Pause, mindestens zehn bis 15 Minuten lang, eventuell aber auch für mehrere Stunden. Der erste Trainingsschritt ist bereits geschafft! ☺

Auch beim Ableinen erleichtert das Stehen neben dem Hund diesem die Übung. Nach dem Aushängen des Karabiners soll er noch warten, bis er aus dem Kommando „bleib“ oder „warte“ entlassen wird.

Vorsicht, mögliche Fehlerquellen

- Laufen Sie nicht zu langsam, das ist besonders schwierig für Ihren Hund, und nicht zu schnell, das animiert ihn möglicherweise zu stark und lässt ihn auch selbst immer schneller und schneller werden, bis er schließlich zieht. Am besten wählen Sie ein Tempo, das einem entspannten Spaziergang entspricht.

- Reden Sie keinesfalls ermahnend und streng auf Ihren Hund ein, während er neben Ihnen läuft, selbst dann nicht, wenn die Übung nicht gleich perfekt klappt. Ihr Ziel ist, dass Ihr Hund gern in Ihrer unmittelbaren Nähe geht – das erreichen Sie nur dann, wenn Sie freundlich und ruhig mit ihm umgehen. Sind Sie barsch und streng, wird er immer versuchen, so viel Distanz wie möglich zu Ihnen herzustellen – was das Ziehen begünstigt.

- Üben Sie nicht zu oft und/ oder zu lange, selbst wenn Sie begeistert über die ersten Erfolge sind. Ein gutes Training ist wie Schminke: Weniger ist mehr! Verleiden Sie Ihrem Hund nicht die Freude am gemeinsamen Üben, indem Sie zu schnell zu viel fordern und immer und immer wieder das Gleiche mit ihm trainieren. Selbst ein wirklich gut durchdachtes und mit Freude aufgebautes Training langweilt, wenn es zu oft durchgeführt wird. Außerdem fordert es anfangs eine hohe Konzentration von Ihrem Hund, die er dauerhaft noch (!) nicht halten kann.

Im weiteren Trainingsverlauf steigern Sie nun behutsam die Übungslänge und bauen nach und nach weitere Übungselemente ein, die den Schwierigkeitsgrad erhöhen:

- Geben Sie nicht mehr ganz so viel Hilfestellung über die Stimme, schließlich wollen (und sollen!) Sie später auf Spaziergängen ja auch nicht die ganze Zeit auf Ihren Hund einreden.

- Laufen Sie auch mal längere Strecken geradeaus, steigern Sie dieses Element aber vorsichtig, denn es ist eines der schwierigsten.

- Verändern Sie das Tempo, zeigen Sie dies Ihrem Hund aber immer an, indem Sie ihn ermuntern schneller zu gehen oder mit ruhiger Stimme sagen und seitlich gehaltener, ausbremsender Hand zeigen, dass es jetzt langsamer wird.

Körpersprache und Stimme zeigen diesem Hund, dass er langsamer gehen soll.

- Laufen Sie, wenn alle anderen Schwierigkeitsgrade erfolgreich erarbeitet sind, auch mal an anderen Orten, zum Beispiel dort, wo Ablenkungen wie Jogger, Radfahrer, Spaziergänger usw. auftauchen.

WICHTIG IST,

dass Sie immer nur ein weiteres Trainingselement hinzufügen, um es erstens Ihrem Hund nicht unnötig schwer zu machen und zweitens, um genau zu wissen, woran es liegt, falls die Übung plötzlich nicht mehr klappt. Verändern Sie nämlich mehrere Elemente, wissen Sie nicht, ob Ihr Hund die Übung nicht mehr bewältigte, weil Sie zum Beispiel über einen längeren Zeitraum geübt haben ODER weil Sie längere Strecken geradeaus gelaufen sind ODER mehr Ablenkungen eingebaut haben. Wenn Sie aber immer nur ein Element verändern, wissen Sie sofort, welchen Schwierigkeitsgrad Sie vorsichtiger steigern müssen, um das Training erfolgreich zu durchlaufen.

Denken Sie immer daran, Ihrem Hund bestmögliche Hilfestellung durch Hör- und Sichtzeichen zu geben und eine ruhige, ausgeglichene Körpersprache beizubehalten. Wenn Sie zum Beispiel merken, dass er immer mehr beschleunigt, warten Sie nicht ab, bis er schließlich zieht, sondern fangen Sie ihn ab, indem Sie ihn über das Kommando „weiter" in eine andere Richtung dirigieren.

Haben Sie Verständnis, wenn Ihr Hund sich zu einem bestimmten Zeitpunkt nicht gut konzentrieren kann, und gönnen Sie ihm dann erst mal eine Pause, in der er frei laufen kann. Steigern Sie die Anforderungen nur vorsichtig, denn ein guter Lehrer führt seinen Schüler in kleinen Schritten von Erfolg zu Erfolg. So macht das Lernen Spaß und die Leinenführigkeit verbessert sich schneller, als Sie glauben! ☺

Die häufigsten Fragen zum Leinenführigkeitstraining

Darf der Hund während der Übung auch einfach mal stehen bleiben und schnüffeln oder muss er die ganze Zeit über genau an meiner Seite laufen?

Diese Frage wird häufig gestellt. Da wir nicht das „bei Fuß"-Gehen üben wollen, spricht gar nichts dagegen, dass Ihr Hund mal kurz am Wegesrand schnüffelt oder einfach mal stehen bleibt oder Sie zum Spielen auffordert. Alles kein Problem, solange dabei nicht an der Leine gezogen wird.

Was tue ich, wenn mein Hund sich „festgeschnüffelt" hat? Alles freundliche Auffordern hilft nichts, er scheint mich gar nicht wahrzunehmen.

Zunächst fordern Sie den Hund ein oder zwei Mal mit freundlicher und aufmunternder Stimme über das Kommando „weiter" auf, mit Ihnen mitzugehen. Kommt er dieser Aufforderung nicht nach, bringen Sie in die locker gehaltene Leine Bewegung, indem Sie ganz leicht an ihr herumzuppeln. Dies stört den Hund in seiner Konzentration etwa so, als ob Sie versuchen, die Bedienungsanleitung eines neuen Elektrogerätes zu lesen, während Ihnen ständig jemand auf die Schulter tippt. Ihr Hund wird sich bald zu Ihnen umschauen, sozusagen fragend „Warum zuppelst Du an der Leine herum?!" In diesem Moment, in dem er ja aufhört zu schnüffeln, loben Sie ihn, wiederholen das Kommando „weiter" und gehen mit ihm los.

Hat der Hund sich einmal „festgeschnüffelt", fordern Sie ihn über das Kommando „weiter" auf, mitzukommen.

Wichtig ist hierbei aber wie gesagt, dass Sie Ihrem Hund ruhig mal Zeit geben, stehen zu bleiben und zu schnüffeln. Spornen Sie ihn nur dann zum Weitergehen an, wenn er übermäßig lange herumtrödelt oder Sie es ausnahmsweise auf einem Spaziergang mal sehr eilig haben. Schließlich ist das so genannte „Zeitunglesen" ein Highlight seines Tages, das ihm auch vergönnt sein sollte.

Was kann ich tun, wenn mein Hund schon beim Verlassen des Hauses zieht? Ist der Trainingserfolg dann nicht unerreichbar?
Hier gibt es mehrere Möglichkeiten. Die beste wäre, ihn ins Auto zu setzen und dorthin zu fahren, wo er gleich frei laufen kann. Nach einer gewissen Zeit des Austobens kann dann mit dem Üben begonnen werden. Eine andere Möglichkeit besteht darin, den Hund für die Übergangszeit zwei Geschirre unterschiedlichen Schnittes tragen zu lassen: Trägt er das eine, wird das Ziehen ignoriert, trägt er aber das andere, wird er korrigiert.

Die dritte Möglichkeit besteht darin, erst einmal abzuwarten, ob der Hund nicht nach den ersten wenigen Metern von allein aufhört zu ziehen. Manche Hunde sind einfach so begeistert über den Aufbruch zum Spaziergang, dass sie auf den ersten paar Metern vorwärts ziehen, sich aber schon nach einer kurzen Strecke beruhigen und dann normal an der Leine laufen.

Mein Hund ist so lebhaft und ungestüm, dass er oft lossaust und einfach in die Leine springt. Er scheint gar nicht zu bemerken, wann sie zu Ende ist. Wie soll ich reagieren?
In diesem Fall können Sie ihm bei der Übung helfen, indem Sie ihm das Wort „langsam" lang gezogen zurufen (laaaaangsam), kurz bevor er das Ende der Leine erreicht hat. Bei den ersten Übungsdurchläufen wird Ihr Hund kurz nach dem Wahrnehmen des Wortes mit Schwung in die Leine laufen, aber schon nach wenigen Wiederholungen werden Sie bemerken, wie er auf „laaangsam" hin tatsächlich sein Tempo drosselt, um dem unangenehmen Ruck beim Erreichen des Leinenendes zu entgehen.

Wenn er nun aber doch einmal ziehend in der Leine hängt... was dann?

Dann bleiben Sie stehen und warten, bis er sich zu Ihnen umdreht und durch diese Körperdrehung in Ihre Richtung den Druck von der Leine nimmt. Loben Sie ihn dafür und gehen Sie in einem Bogen oder in eine andere Richtung weiter. Der Hund lernt dadurch, dass er nicht so schnell vorwärts kommt, wenn er zieht. Allerdings sollte das die Ausnahme bleiben und nicht zum Trainingskonzept werden, denn das ständige Ziehen, Stehen bleiben und dann wieder Weitergehen kann schnell in einem nervtötenden Automatismus enden, der frustrierend für Sie und Ihren Hund ist. Das eigentliche Ziel des Leinenführigkeitstrainings ist es, Sie und den Hund aus der Gewohnheit des Ziehens zu nehmen.

Was tue ich, wenn mein Hund kurz in den Zug kommt, dann die Leine aber wieder locker lässt?

Hier ist die Antwort ganz eindeutig: Loben Sie ihn besonders anerkennend und freundlich! Ihr Hund hat nämlich in diesem Moment gezeigt, dass er die Übung verstanden hat. Er hat sich selbst korrigiert, sobald er gemerkt hat, dass er in den Zug gekommen ist. Super! ☺

WICHTIG

Das Ziel des Leinenführigkeitstrainings ist es, Hund und Halter aus der Gewohnheit des Ziehens zu nehmen.

DAS TRAINING ZUR ÜBERWINDUNG DER LEINENAGGRESSION

Ist eine grundsätzlich gute Leinenführigkeit erreicht, kann damit begonnen werden, an der Leinenaggression zu arbeiten. Hierzu ist es wichtig, sich noch einmal vor Augen zu führen, was den Hund in diese Form der Aggression getrieben hat. War es ein Überfall eines anderen Hundes an der Leine? Waren es schmerzhafte Leinenrucks, die zu Fehlverknüpfungen führten oder war es Frustration darüber, immerzu an der Leine weggezogen zu werden? Überlegen Sie genau, machen Sie sich evtl. Notizen, denn für ein erfolgreiches Training ist es ganz wichtig, dass diese Auslöser abgestellt werden. Dazu kann auch gehören, für eine Weile bestimmte Auslösereize – wie zum Beispiel das angeleinte Vorbeigehen an anderen Hunden, insbesondere an Engstellen – ganz zu vermeiden.

Machen Sie sich Notizen in einem Trainingstagebuch. Notieren Sie Auslösereize für unerwünschte Verhaltensweisen und mögliche Lösungsansätze.

Auch wenn dies für kurze Zeit sogenannte Managementmaßnahmen erfordert, die durchaus mühsam sein können, denken Sie immer daran, dass jedes Auslösen und Durchleben der Leinenaggression diese weiter festigt, also genau das Gegenteil von dem zur Folge hat, was Sie im Training erreichen wollen. Je öfter Ihr Hund beim Anblick eines Artgenossen geifernd in die Leine springt und ausflippt, desto mehr perfektioniert er dieses Verhalten, bis er schließlich irgendwann im so genannten „erlernten Verhalten" feststeckt. Dieses erlernte Verhalten ist daran zu erkennen, dass der Hund gar nicht mehr nachdenkt, sondern schon beim Anblick des Auslösereizes – in diesem Fall eines Artgenossen – mit Abwehrreaktionen beginnt, ganz gleich, ob dieser andere Hund freundlich oder unfreundlich, groß oder klein, männlich oder weiblich ist.

Trainingsvariante 1

Das Zauberwort zum Einstieg in das Training heißt Distanz. Jeder Hund bleibt bei Einhaltung irgendeiner Entfernung noch ruhig und genau diese Distanz gilt es herauszufinden. Sie kann individuell sehr unterschiedlich sein, mancher Hund wird erst bei einer Annäherung bis auf wenige Meter aggressiv, andere starten Abwehrreaktionen bereits, wenn sie einen anderen Hund auch nur in großer Entfernung wie zum Beispiel 100 Meter sehen. Es ist nicht wichtig, wie groß diese Distanz anfangs ist, wichtig ist nur, dass Sie die wählen, bei der Ihr Hund wirklich ruhig bleibt, denn jetzt können Sie erwünschtes Verhalten belohnen! ☺

Es geht also nicht darum, Ihren Hund für Fehlverhalten zu strafen, was nur zu weiteren Fehlverknüpfungen führen würde, und auch nicht darum, ihn abzulenken und ihm zu sagen, dass er beim Anblick von Artgenossen „sitz“ machen und Sie anschauen soll – denn dadurch lernt er nicht das, was Sie ihm eigentlich beibringen möchten, nämlich dass die Begegnung mit anderen Hunden auch an der Leine ganz entspannt ablaufen kann. Er würde lediglich lernen, dass man sich „benehmen“ muss, wenn Herrchen oder Frauchen am anderen Ende der Leine Anweisungen geben.

Es geht vielmehr darum, ihm zu zeigen, dass der Anblick von anderen Hunden auch angeleint völlig in Ordnung, ja sogar ganz toll ist, weil man eine Belohnung erhält, wenn man welche sichtet. Es soll also eine positive gedankliche Verknüpfung hergestellt werden, die der bisherigen angstvollen und aggressiven Verknüpfung entgegengestellt wird, bis sie diese schließlich ersetzt. Der Hund kann diesen Lernprozess aber nur vollziehen, wenn er nicht voller Angst und/ oder Aggression kaum klar denken kann. Deshalb ist es so wichtig, eine Distanz zu wählen, in der er sich wohl und sicher fühlt und deshalb ruhig bleibt.

Geben Sie Ihrem Hund dann genau in dem Moment ein Leckerchen, in dem er den anderen wahrnimmt. Dieses Leckerchen sollte wirklich attraktiv sein, zum Beispiel ein Stück Wurst oder Käse. Sagen Sie gar nichts dazu, sondern achten Sie nur auf ein gutes „Timing", was bedeutet, dass Sie die Belohnungshappen wirklich parat haben und geben, sobald der erste Blick auf den anderen Hund fällt. Das wiederholen Sie mehrere Male. Der andere Hund verschwindet, taucht wieder auf, bleibt auf der anderen Seite der Wiese einen Moment stehen, läuft eventuell etwas auf und ab, und immer, wenn Ihr Hund den anderen sieht und dabei ruhig bleibt, gibt es etwas Leckeres zu essen! ☺

Dieser Hund lernt, dass ruhiges Verhalten beim Anblick eines Artgenossen zur Belohnung führt. Die große Distanz zwischen ihm und dem anderen hilft ihm, die Aufgabe leichter zu bewältigen.

Arbeiten Sie dabei immer nur in kleinen Zeiteinheiten, damit sich der Stresslevel Ihres Hundes nicht hochfährt. Kleine Übungseinheiten mit großen Pausen bringen Sie letztendlich schneller zum Ziel. Gehen Sie mit Ihrem Hund auch ruhig ein bisschen auf und ab, damit sich eventuelle Anspannung bei ihm durch Bewegung abbauen kann. Laufen Sie dabei aber langsam und strahlen Sie Ruhe und Gelassenheit aus, denn wenn Sie unruhig und hektisch herumrennen, bauen Sie Spannung auf statt ab.

Wenn Ihr Hund Sie beim Anblick des anderen Hundes anschaut und sozusagen nach seinem Leckerchen fragt, statt sich wie bisher aufzuregen, dann ist es an der Zeit, ein Signalwort wie zum Beispiel „fein" oder „prima" einzuführen. Sprechen Sie es sanft und freundlich (nicht hektisch!) aus und geben Sie Ihrem Hund das Leckerchen anfangs nicht später als eine Sekunde, nachdem Sie es gesagt haben. Auch hier ist also wieder ein gutes Timing gefragt.

Dieses Signalwort soll später dazu dienen, ihm bei Begegnungen mit anderen Hunden anzuzeigen, dass es sich wieder um eine Situation handelt, in der man sich wohl und sicher fühlen kann und in der es eventuell eine gute Belohnung für den Anblick des Artgenossen gibt. Deshalb ist es sehr wichtig, dass Sie dieses Signalwort keinesfalls sagen, wenn Sie sich nicht ganz sicher sind, dass dieser andere Hund auch wirklich freundlich auf Ihren reagiert und die Begegnung erfreulich verlaufen wird. Sonst hätten Sie Ihrem Hund versprochen, dass alles in Ordnung ist, er hätte aber die Erfahrung gemacht, dass dem nicht so ist – dass er sich also auf Ihre Ankündigungen nicht verlassen kann.

Bisher sind Sie im Training allerdings erst einmal an dem Punkt, an dem Ihr Hund einen anderen sieht, während er an der Leine ist und dabei ruhig bleibt.

Die nächsten Arbeitsschritte bestehen nun darin, unterschiedliche Hunde zu sehen und auch hierbei entspannt bleiben zu können und die Distanz zum anderen allmählich zu verringern. Verändern Sie aber auch hier immer nur ein Trainingselement, um den Hund nicht zu überfordern. Entweder lassen Sie ihn aus gleicher Distanz andere Hunde ansehen oder Sie gehen an den bisher angesehenen etwas näher ran. Beobachten Sie Ihren Hund dabei gut: Wenn er langsamer wird oder gar nicht weitergehen möchte, wenn sich sein Gesichtsausdruck anspannt oder sein Gangbild „staksiger" wird, vergrößern Sie sofort die Distanz, damit er sich wieder entspannen kann.

Nach einigen Übungsdurchgängen wird der Hund aus der Übungssituation geführt, um sich erst einmal wieder entspannen und ausruhen zu können.

Eine gute Möglichkeit ist es, hier mit den von der norwegischen Hundetrainerin Turid Rugaas erforschten Beschwichtigungssignalen zu arbeiten. Laufen Sie zum Beispiel nicht gerade auf den anderen Hund zu, sondern in einem Bogen. Achten Sie darauf, ob Ihr Hund Beschwichtigungssignale aussendet – das könnte ein Zeichen dafür sein, dass ihm die Situation zu eng wird und er wieder etwas mehr Abstand braucht. Gehen Sie parallel zu dem anderen Hund und achten Sie dabei immer darauf, dass die Leine locker bleibt und keinesfalls Druck auf sie kommt.

Ziehen Sie Ihren Hund nicht herum, sondern dirigieren Sie ihn durch freundliche Ansprache und Richtungsanzeige mit der Hand.

Nach einer Pause wird die Übung wiederholt, um den Lernerfolg zu festigen. Die Distanz sollte dabei so gewählt sein, dass der zu trainierende Hund ruhig bleibt, damit erwünschtes Verhalten belohnt werden kann.

Wenn Sie diese Übung so weit eintrainiert haben, dass Ihr Hund beim Anblick eines anderen Hundes bis zu einem Abstand von etwa fünf bis acht Metern ruhig bleiben kann, obwohl er angeleint ist, können Sie den nächsten Trainingsschritt einleiten. Machen Sie Spaziergänge mit ein bis zwei weiteren, ebenfalls angeleinten Hunden. Am besten wählen Sie dabei die Hunde, die Ihrer schon vom Anblick her kennt. Achten Sie während des Laufens darauf, dass zwischen den Hunden zunächst Abstand gewahrt bleibt und Ihr Hund sich einfach nur daran gewöhnt, dass andere Hunde anwesend sind, während er angeleint ist, und dabei gar nichts Besonderes passiert. Lassen Sie ihn ruhig dort schnüffeln, wo die anderen gelaufen sind oder eventuell uriniert haben, überholen Sie sich auch mal gegenseitig, so dass mal der eine, mal der andere Hund vorne läuft. Achten Sie dabei immer auf eine locker gehaltene Leine.

Zu den weiteren Trainingsschritten gehören Spaziergänge an der Leine mit ausreichend großem Abstand zum anderen Hund.

Ein weiteres sehr effektives Trainingselement besteht darin, sich einfach mal auf einer Wiese mit einigem Abstand hinzusetzen, während alle Hunde bei Ihrem jeweiligen Halter an der Leine sind, und Ihrem Hund dadurch ein weiteres Mal zu zeigen, dass rein gar nichts passiert, wenn man angeleint auf andere Hunde trifft.

Eine entspannte Situation, die dem Hund ein weiteres Mal zeigt, dass rein gar nichts Schlimmes passiert, wenn man angeleint anderen Hunden begegnet.

Der letzte Trainingsschritt besteht dann darin, bei einem solchen Spaziergang auch mal den direkten Kontakt an der Leine zuzulassen und dabei ganz entspannt zu bleiben. In dieser Phase ist die locker gehaltene Leine extrem wichtig. Keinesfalls dürfen Sie an der Leine ziehen, rucken oder nervös herumzappeln, während Ihr Hund versucht, Kontakt mit einem anderen Hund aufzunehmen, denn das würde ihn schnell wieder an frühere Situationen erinnern und sein Verhalten eventuell kippen lassen. Wenn Sie sich diesen Trainingsschritt allein nicht zutrauen, nehmen Sie einen versierten Trainer zu Hilfe, der Erfahrung mit diesem Übungsprogramm hat und Ihnen zur Seite steht.

Anfangs sollte man diese Kontakte kurz halten, manchmal nur wenige Sekunden lang, damit sich nicht doch noch Spannung aufbaut. Um den Hund aus der Situation wieder herauszunehmen **ohne Druck auf die Leine auszuüben** (!), kann er mit einem freundlichen „weiter" angesprochen werden.

Das Ergebnis eines erfolgreichen Trainings macht entspannte Gruppenspaziergänge mit und ohne Leine möglich, die Mensch und Hund wieder Spaß machen.

Begegnen sich die Hunde jedoch völlig entspannt, ist das Beschränken des Kontaktes nicht nötig. Verläuft die Begegnung freundlich, beginnt eventuell sogar ein Spiel, kann – wenn es die Verkehrssituation erlaubt – abgeleint werden. In diesem Fall erhält Ihr Hund die schönste Belohnung für die freundliche Annäherung an einen Artgenossen an der Leine: den Freilauf zum Spielen und Toben. ☺

Trainingsvariante 2

Es gibt noch eine weitere, ganz andere Möglichkeit, an einer Leinenaggression zu arbeiten, die ich Ihnen ebenfalls vorstellen möchte. Sie nimmt ihren Anfang dort, wo die andere endet, nämlich im Freilauf. Mit dieser Methode arbeite ich am häufigsten, denn sie ist sehr effektiv und hilft in den meisten Fällen, das Problem der Leinenaggression relativ schnell zu überwinden.

Bei dieser Trainingsvariante beginnt das Training mit einem gemeinsamen Spaziergang ohne Leine.

Gehen wir auch hier wieder zurück zu den Ursprüngen und halten uns noch einmal vor Augen, weshalb ein Hund an der Leine aggressiv ist, während er in der Begegnung ohne Leine durchaus – oder sogar ausgesprochen – verträglich ist: Er fühlt sich durch die Leine eingeengt, am Ausweichen oder adäquaten Reagieren gehindert, eventuell sogar ausgeliefert. Diese Gefühle hat er unangeleint logischerweise nicht, denn er kann frei agieren. Auch Frustration (durch ständiges Wegziehen) oder Schmerz (durch Leinenrucks) verspürt er nicht, wenn er abgeleint ist. Seine Aggression richtet sich also nicht wirklich gegen andere Hunde, sondern resultiert aus der Lernverknüpfung, dass die Begegnung mit Artgenossen nichts Gutes für ihn bedeutet, wenn er an der Leine ist – und genau diese Verknüpfung gilt es, nun wieder zu lösen.

Im Training beginne ich damit, dass ich den betreffenden Hund mit einem Hund im Freilauf zusammenführe, der sehr freundlich und ausgeglichen ist. Deshalb sei hier nochmals erwähnt, dass diese Trainingsvariante nur bei Hunden angewendet werden kann, die keine weiteren Aggressionsformen zeigen, sondern ausschließlich angeleint abwehrend reagieren.

Ich gebe dem Hund also Gelegenheit, einen anderen Hund im Freilauf kennen zu lernen. Wir machen mehrere gemeinsame Spaziergänge mit diesem Hund, während derer beide Hunde abgeleint sind. Wenn sich diese Hunde gut kennen und gegenseitig vertrauen, fange ich an, eine sehr lange Leine (10 Meter) am zu trainierenden Hund einzuhängen. Er soll sich einfach nur an das Körpergefühl gewöhnen, dass eine Leine an ihm dranhängt, ohne dass diese ihn einschränkt. Auch hier ist wieder sehr wichtig, dass zu keinem Zeitpunkt Druck auf die Leine kommt, sondern diese immer so gemanagt wird, dass sie locker durchhängt! Schon nach einem kurzen Moment leine ich wieder ab und habe dem Hund dadurch gezeigt: Ja, es ist eine Leine dran, aber es passiert dadurch gar nichts Aufregendes oder Negatives und es dauert auch nicht lange, bis sie wieder ab ist. Der andere Hund läuft immer frei, damit man keine Probleme mit sich eventuell verheddernden Leinen bekommt.

Im nächsten Übungsschritt wird ein Spaziergang mit den Hunden gemacht, während dessen der zu trainierende Hund immer mal wieder für wenige Meter angehängt und dann auch sofort wieder in den Freilauf entlassen wird. Es geht einfach nur darum, ihn wieder an das Körpergefühl der Leine zu gewöhnen, ohne dass dies negative Konsequenzen für ihn hätte. Diese Gewöhnung kann mehrere Wochen oder auch nur wenige Tage in Anspruch nehmen, es kommt ganz darauf an, wie tief die negativen Lernverknüpfungen sitzen.

Dieser Ridgeback-Rüde begegnet der bereits bekannten Collie-Hündin erstmals, während er angeleint ist. Die zehn Meter lange Leine gibt ihm die Möglichkeit, sich frei zu bewegen, was ein wichtiger Schlüssel zum Trainingserfolg ist.

Nach kurzen Übungseinheiten folgen entspannende Spaziergänge im Freilauf.

Im weiteren Trainingsverlauf wird die Leine auf fünf und dann auf drei Meter verkürzt, während der zu trainierende Hund mit anderen zusammen ist. Die erste Begegnung findet aber nach wie vor im Freilauf statt.

Schließlich arrangiert man Begegnungen, in denen auch der erste Kontakt an der Leine stattfindet, hier sollte man dann jedoch unbedingt wieder auf die zehn Meter lange Leine umsteigen, damit der Hund möglichst frei agieren kann und nicht gleich wieder in die alten Ängste und somit auch Verhaltensmuster zurückfällt.

Beendet ist das Training, wenn sich der Hund problemlos mit anderen Hunden treffen kann, ganz gleich, ob er an- oder abgeleint ist. ☺

Besonders effektiv ist diese Methode übrigens bei Hunden, die aus Frustration leinenaggressiv wurden, denn durch die vorherige Begegnung im Freilauf wird Frust gar nicht erst aufgebaut. Aber auch bei anderen Ursachen kann sie erstaunlich schnell nachhaltige Trainingserfolge erzielen.

WAS SONST NOCH ZU BEACHTEN IST
HINTERGRUNDWISSEN ZUM TRAINING

In diesem Kapitel möchte ich noch einmal die wichtigsten Punkte zusammenfassen, die Sie während des Trainings beachten sollten, und Hintergrundwissen vermitteln, das Ihnen hilft, Ihren Hund besser zu verstehen und dadurch das Trainingsziel schneller zu erreichen.

WICHTIG: Die Leine muss während der Übungen immer locker gehalten werden und die Körpersprache und Stimme der trainierenden Person muss zu jedem Zeitpunkt Ruhe und Gelassenheit vermitteln.

- Die Stimmungsübertragung zwischen Ihnen und Ihrem Hund spielt eine große Rolle. Strahlen Sie Ruhe und Souveränität aus, um Ihrem Hund zu zeigen, dass Sie der Situation gelassen entgegensehen. Reden sie ruhig und sanft mit ihm, nicht hektisch oder mit ängstlichem Unterton.

- Ist eine Leinenaggression erst einmal entstanden, wirkt eine auf Zug gehaltene Leine wie ein Startknopf für Ärger. Achten Sie deshalb immer darauf, dass Sie die Leine locker halten, den Hund nicht an ihr herumziehen oder ihm durch straffes Kurzhalten vermitteln, dass auch Sie die Situation als gefährlich einschätzen.

- Denken Sie immer an die Formel: Je ängstlicher ein Hund ist, desto länger sollte seine Leine sein, um ihm das Gefühl zu geben, dass er ausweichen und (relativ) frei agieren kann. Sicher haben Sie schon einmal im Urlaub in süd- oder osteuropäischen Ländern beobachtet, dass scheue und ängstliche Hunde in einem großen Bogen davonlaufen, wenn man ihnen zu nahe kommt. Sie fliehen, weil ihnen die Distanz zum Auslösereiz (in diesem Fall zu uns) Sicherheit gibt. Je kürzer also ein ängstlicher (oder sogar panischer) Hund gehalten wird, desto größer wird seine Angst und somit auch sein Abwehrverhalten, weil er seinem natürlichen Fluchttrieb nicht nachkommen kann. Bei einem solchen Hund resultiert die Leinenaggression oft einzig und allein aus der Angst, sich nicht in Sicherheit bringen zu können.

  Geben Sie ihm also die Möglichkeit, die Situation erst einmal aus einiger Entfernung anzusehen, und die Zeit, die er braucht, um Vertrauen zu fassen. Keinesfalls sollten Sie versuchen, einen solchen Hund in die Situation zu locken oder zu überreden, denn dieses Verhalten des Menschen haben viele Hunde schon als gefährlich erlebt. Sie werden freundlich angelockt, um dann plötzlich gepackt und eingefangen zu werden.

- Wenn Sie einen Hund haben, der deshalb leinenaggressiv ist, weil er selbst einmal gebissen wurde, während er angeleint war, müssen Sie Folgendes bedenken: Er wurde überfallen und verletzt, während er durch die Leine daran gehindert wurde, sich vernünftig zu wehren oder zu fliehen. Das alles passierte auch noch in unmittelbarer Nähe zu Ihnen. Eventuell haben Sie sich selbst auch sehr erschrocken und wurden ebenfalls verletzt, während Sie versuchten, Ihrem Hund zu helfen, und dieser hat das alles – im wahrsten Sinne des Wortes – hautnah mitbekommen. Kein Wunder, dass er nun denkt, dass Begegnungen mit Artgenossen brandgefährlich sind, wenn er angeleint ist. Es ist also von großer Wichtigkeit, dass Ihr Hund für einen langen Zeitraum nur absolut freundliche Artgenossen trifft, wenn er an der Leine ist. Der im Training helfende Hund sollte auch nicht zu stürmisch sein, selbst wenn er dabei ausgesprochen freundlich ist, da eine zu schnelle Annäherung Ihren Hund aus der Fassung bringen könnte, weil er einfach nicht genug Zeit hat, die Situation zu erfassen und als ungefährlich einzustufen. Dies ist vor allem bei jungen, unerfahrenen Hunden der Fall oder bei Hunden, die schon seit langem keinen Kontakt mehr mit anderen Hunden hatten.

- Arbeiten Sie in kleinen Zeiteinheiten, überfordern Sie sich und Ihren Hund nicht mit Trainingsmarathons. Kleine kontinuierliche Schritte vorwärts bringen Sie schneller zum Ziel als falscher Ehrgeiz, der durch Überforderung auch zu Rückschritten führen kann. Lassen Sie Ihrem Hund Zeit, Gelerntes zu verarbeiten, und starten Sie die neuen Übungen nur, wenn Ihr Hund (und Sie!) ausgeruht und aufnahmefähig sind.

- Führen Sie ein Trainingstagebuch, in das Sie jedes Training und sein Ergebnis mit einigen Stichworten unter Angabe von Datum und Uhrzeit niederschreiben. Das gibt Ihnen die Möglichkeit, Erfolge, die sich über einen längeren Zeitraum eingestellt haben, besser zu vergleichen und Fehler, die eventuell gemacht wurden, schneller zu erkennen. Ihnen könnte zum Beispiel auffallen, dass Ihr Hund an bestimmten Tagen angespannter ist als an anderen – dann gilt es herauszufinden, warum das so ist. Oder Sie bemerken anhand Ihrer Aufzeichnungen, dass Ihr Hund wetterfühlig ist und bei bestimmten Wetterlagen gereizter reagiert als bei anderen. Abgesehen von der Protokollierung, die auch im Gespräch mit einem zu Rate gezogenen Trainer wichtige Hinweise geben kann, ist das Trainingstagebuch ein Dokument Ihrer gemeinsamen Arbeit, die hoffentlich bald zum gewünschten Erfolg führt. ☺

GEDANKEN ZUM SCHLUSS

Wie schon zu Beginn des Buches erwähnt: Ein Hund, der sich an der Leine aggressiv verhält, glaubt, dies tun zu müssen, denn kein Tier verhält sich „einfach nur so" aggressiv. Ganz gleich, welcher der im Kapitel über die Ursachen erwähnten Gründe bei Ihrem Hund dazu geführt hat, eine Leinenaggression zu entwickeln, hoffe ich, dass er sie mit Hilfe der Übungen dieses Buches überwinden kann, damit gemeinsame Spaziergänge für Sie beide wieder entspannt und voller Freude verlaufen.

Vielleicht helfen die beschriebenen Tipps aber auch, Fehler zu vermeiden und eine Leinenaggression gar nicht erst aufkommen zu lassen – um so besser!

Beim Lesen ist Ihnen sicher aufgefallen, dass ein nicht unerheblicher Teil des Buches erklärt, was Sie warum nicht tun sollten und welche vorbereitenden Maßnahmen erst einmal nötig sind, bevor mit dem eigentlichen Training begonnen werden kann. Der Grund dafür liegt darin, dass eine Leinenaggression tatsächlich fast immer durch falsche Erziehungsmethoden und/ oder ungeschickte Reaktionen des Menschen entsteht. Um sie zu überwinden, ist es also notwendig, dass nicht nur der Hund trainiert wird, sondern auch der Halter sein Verhalten überprüft und ggf. verändert. Es war mir wichtig, Ihnen hierfür ausreichend viele Erklärungen und Hinweise zu geben.

Hunde sind großartig! Unter normalen Umständen entwickeln sie sich zu hoch sozialen Lebewesen, die freundlich miteinander umgehen und auch zu uns Menschen und anderen Tieren tiefe Beziehungen eingehen können. Sie sind uns anvertraut und in vielen Lebensbereichen von uns abhängig. Deshalb möchte ich Sie zum Ende dieses Buches nochmals bitten: Machen Sie sich zum Anwalt Ihres Hundes! Prüfen Sie alle Erziehungsratschläge, Ausrüstungsgegenstände und

Tipps hinsichtlich der Frage, ob sie einer fairen Erziehung und einem grundsätzlich freundlichen Umgang mit Ihrem vierbeinigen Freund dienlich sind. Hören Sie dabei nicht in erster Linie auf Fachleute, sondern auf Ihr Mitgefühl.

Vertrauen Sie keinesfalls den im Fernsehen viel gepriesenen Hundenannys, deren Tipps oft gemein und manchmal sogar tierschutzrelevant sind. Vergessen Sie den Verkäufer im Zoofachgeschäft oder Discounter für einen Moment und halten Sie inne. Fragen Sie sich: Wenn ich mein Hund wäre, würde ich dann so leben, so behandelt werden wollen?

Wenn die Antwort bei gutem „Bauchgefühl" eindeutig „ja" ist, fragen Sie zusätzlich noch Ihren Hund, was er dazu meint. Wie das geht? Ganz einfach: Schauen Sie ihm in die Augen! Wenn sie vor Glück strahlen und gleichzeitig Freude über die gemeinsamen Spaziergänge und Unternehmungen sowie ein tiefes Vertrauen zu Ihnen zu spüren ist, sind Sie auf dem richtigen Weg.

RAUM FÜR NOTIZEN

LITERATURHINWEISE

Calming Signals
Die Beschwichtigungssignale der Hunde

Turid Rugaas

In diesem Buch erklärt Turid Rugaas, warum, wann und wie Beschwichtigungssignale von Hunden eingesetzt werden. Ebenso beschreibt sie, wie wir Menschen die Signale erkennen, deuten und sogar selbst einsetzen können.

Hardcover, 105 Seiten, mit zahlreichen Farbfotos und Fallbeispielen

ISBN 978-3-936188-01-1

Calming Signals Workbook

Clarissa v. Reinhardt
Martina Scholz

Die Norwegerin Turid Rugaas erforschte die Beschwichtigungssignale der Hunde und machte sie über ihr gleichnamiges Buch und Vorträge in aller Welt bekannt. Clarissa v. Reinhardt und Martina Scholz erklären, wie Hundebesitzer diese Signale einsetzen können, um eine vertrauensvolle und von gegenseitigem Verstehen getragene Beziehung zu ihrem Partner auf vier Pfoten aufzubauen.

Hardcover, 112 Seiten, mit zahlreichen farbigen Abbildungen

ISBN ISBN 978-3-936188-13-4

Rückenprobleme beim Hund

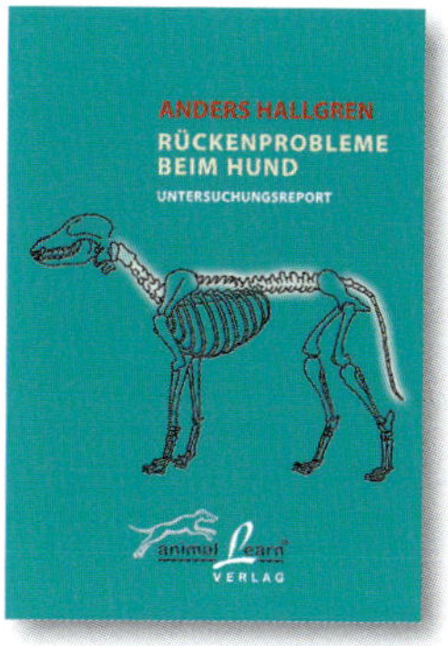

Anders Hallgren

Der bekannte Psychologe und Hundetrainer aus Schweden beschreibt ausführlich die Auswirkungen von Rückenproblemen, anderen Gelenkserkrankungen und damit verbundenen Schmerzen auf das Wesen und Verhalten unserer Hunde. Er gibt wertvolle Ratschläge, welche Behandlungsmethoden bei der Heilung oder Linderung Erfolg versprechend sind.

Paperback, 56 Seiten, mit zahlreichen
farbigen Abbildungen

ISBN 978-3-936188-05-9

Stress bei Hunden

Martina Scholz
Clarissa v. Reinhardt

Stress – ein bislang viel zu wenig beachtetes Thema, wenn es um den treuesten Begleiter des Menschen geht. Denn nicht nur wir Menschen können durch Überforderung und mangelnde Ruhephasen gestresst werden, sondern auch Hunde. Dieses Buch informiert über die Ursachen und Folgen von Stress und erklärt, welche Symptome Sie an einem gestressten Hund beobachten können.

Hardcover, 152 Seiten, mit zahlreichen
farbigen Abbildungen

ISBN 978-3-936188-04-2